Rodolphe Radau

Les Progrès de l'astronomie stellaire

Astronomie

Le code de la propriété intellectuelle du 1er juillet 1992 interdit en effet expressément la photocopie à usage collectif sans autorisation des ayants droit. Or, cette pratique s'est généralisée dans les établissements d'enseignement supérieur, provoquant une baisse brutale des achats de livres et de revues, au point que la possibilité même pour les auteurs de créer des œuvres nouvelles et de les faire éditer correctement est aujourd'hui menacée. En application de la loi du 11 mars 1957, il est interdit de reproduire intégralement ou partiellement le présent ouvrage, sur quelque support que ce soit, sans autorisation de l'Éditeur ou du Centre Français d'Exploitation du Droit de Copie , 20, rue Grands Augustins, 75006 Paris.

ISBN : 978-1542695770

10 9 8 7 6 5 4 3 2 1

Rodolphe Radau

Les Progrès de l'astronomie stellaire

Astronomie

Table de Matières

Introduction — 6
Section I. — 7
Section II. — 16
Section III. — 29
Section IV. — 35

Introduction

« Qu'est-il nécessaire à l'homme de rechercher ce qui est au-dessus de lui, lorsqu'il ignore ce qui lui est avantageux dans sa vie, durant le nombre des jours de son pèlerinage et dans le temps qui, comme l'ombre, passe ? ou qui pourra lui indiquer ce qui après lui doit arriver sous le soleil ? » À ces paroles de l'Ecclésiaste répond en nous l'insatiable curiosité qui nous pousse à franchir les limites de l'étroite prison terrestre pour sonder l'espace sans bornes où le système solaire flotte comme un îlot perdu dans l'océan.

Les dimensions de cet îlot nous sont connues, les astronomes en ont depuis longtemps levé le plan et dressé la carte topographique ; il ne s'agit plus aujourd'hui que de corriger les détails, de compléter l'inventaire du menu peuple d'astéroïdes, de comètes, de bolides, qui remplit les espaces interplanétaires, et d'étudier plus à fond la nature intime des corps célestes qui forment la tribu solaire. Depuis la découverte de Neptune, qui a doublé l'aire du domaine soumis au soleil, il n'est guère probable qu'il reste encore à trouver quelque grosse planète de cette importance. Les lois de Newton, appliquées aux mouvements des planètes, se vérifient tous les jours, et, grâce surtout aux travaux de M. Le Verrier, nous approchons du moment où les moindres circonstances de ces mouvements pourront être calculées à l'avance avec une précision comparable à celle des observations elles-mêmes. Dès lors il nous est loisible de tourner nos regards avec une plus grande liberté d'esprit vers les régions lointaines des étoiles, que depuis tant de siècles nous contemplons comme du haut d'une échauguette, osant à peine jeter dans ces profondeurs vertigineuses la sonde du raisonnement mathématique.

Les lois de la gravitation universelle s'appliquent à ces myriades de soleils comme au pauvre petit système qui nous a été assigné pour séjour ; la vive lumière des étoiles comme la faible lueur des nébuleuses sont de même essence que les rayons qui émanent d'une source terrestre, et dont une expérience de laboratoire nous révèle les propriétés. Les calculs de la mécanique céleste aussi bien que les subtiles méthodes de l'optique peuvent donc nous fournir toute sorte de révélations sur ces mondes lointains. Nous verrons

Rodolphe Radau

comment chaque jour apporte des données nouvelles sur la distance des étoiles, sur les mouvements de translation dont elles sont animées, sur les orbites qu'elles décrivent les unes autour des autres, enfin sur la constitution intime et le mode de formation probable de ces univers, que la science rapproche de nous en jetant un pont sur des abîmes qui semblaient infranchissables.

Section I.

On peut se faire une idée de l'isolement du monde solaire au milieu des espaces peuplés d'étoiles par une comparaison avec des étendues qui nous sont familières. Supposons l'orbite de Neptune représentée par l'enceinte de Paris, l'orbite de la terre occupera au centre de cet espace une aire à peu près égale à celle de la place de la Concorde, et la distance de l'étoile la plus rapprochée de nous, — Alpha du Centaure, — sera figurée par une longueur de plus de 30,000 kilomètres, c'est-à-dire par le chemin que fait un navire qui va du Havre en Chine par le cap Horn. Or l'étoile dont il s'agit ici est exceptionnellement près de nous ; celle qui la suit immédiatement dans l'ordre des distances, — la 61e du Cygne, — est déjà deux fois plus éloignée, et toutes les autres qui ont été examinées jusqu'à ce jour sont en général situées à des distances beaucoup plus considérables. Voilà donc l'étendue de la mer sans rivages où flotte l'archipel solaire, et voilà l'éloignement des premières îles étrangères à notre système. Et ce sont de pareilles distances qu'il faut estimer par deux visées prises de deux points opposés de l'orbite de la terre ; pour rester dans notre comparaison, c'est comme si de deux coins de la place de la Concorde on braquait deux lunettes sur le feu d'un phare situé bien plus loin de nous que la Chine. En effet, c'est la différence des directions où nous voyons une étoile à deux époques opposées de l'année, quand la terre passe d'une extrémité à l'autre de son orbite, qui nous fait connaître la distance où cette étoile se trouve de nous. La moitié de cette différence est ce qu'on appelle la *parallaxe annuelle* de l'étoile. C'est absolument de la même manière, c'est-à-dire par deux directions observées des deux extrémités d'une *base* de longueur connue, que l'on fixe la position d'un objet terrestre lorsqu'on fait un levé topographique.

Section I.

La disproportion évidente entre la faible longueur de la base d'opération dont on dispose et la distance prodigieuse des objets qu'il s'agit de viser, l'intervalle qu'il faut laisser s'écouler entre les mesures pour obtenir des écarts appréciables, ce sont là des circonstances qui compliquent singulièrement le problème des parallaxes annuelles. Les distances, dans les cas les plus favorables, surpassent quelque cent mille fois l'étendue de la base, et les écarts d'où il faut les déduire sont de simples fractions de seconde, qui le plus souvent sont noyées dans les erreurs d'observation. Aussi pendant bien longtemps la détermination des parallaxes stellaires n'a-t-elle donné que des résultats illusoires.

Les premières tentatives qui aient été faites dans cette voie remontent à Copernic ; l'apparente fixité des étoiles était une objection assez grave contre le mouvement de translation de la terre dans l'espace, et l'illustre astronome polonais espérait l'écarter en constatant qu'en réalité les positions des étoiles éprouvaient de petites variations périodiques. L'imperfection de ses moyens d'observation ne lui permit pas d'atteindre son but. Tycho lui-même, en observant régulièrement la polaire avec des instruments beaucoup plus précis, ne parvint pas à découvrir la moindre inégalité dans les distances de cet astre au zénith d'Uraniborg. Il fut réservé à Picard de constater le premier avec certitude des variations de ce genre, sans qu'il pût, il est vrai, les expliquer.

L'abbé Picard, prieur de Rillé, était, un des esprits les plus ingénieux de son siècle ; il eût sans aucun doute inauguré l'ère de l'astronomie de précision et de mesure, s'il avait eu les mains libres pour agir, et si son crédit eût égalé celui du brillant Cassini, qu'il avait eu le malheur de faire appeler d'Italie lorsqu'on cherchait un directeur pour l'Observatoire de Paris. La venue de Cassini en France a été une calamité pour la science, car le remuant Italien fit reléguer au second plan le savant profond et modeste dont il eût suffi de mettre à exécution les projets pour assurer à la France la gloire d'avoir tracé à l'astronomie d'observation ses véritables voies. On dédaigna ses avis, et, pendant que Cassini éblouissait la cour par ses faciles découvertes, l'Angleterre prit les devans, et l'observatoire de Greenwich, fondé quelques années plus tard (en 1676), prit son essor entre les mains de Flamsteed et de Bradley, et s'éleva sans peine au premier rang.

Rodolphe Radau

L'abbé Picard mourut en 1682. Quelques années plus tard, Flamsteed entreprit à son tour d'observer régulièrement la Polaire avec un quart de cercle muni d'une lunette, et il constata les mêmes inégalités qui avaient déjà frappé l'astronome français, mais sans savoir plus que celui-ci les expliquer. Il avait d'abord cru que ses observations serviraient à fixer la parallaxe annuelle de la Polaire, mais il dut bientôt se convaincre que les différences d'environ 40 secondes qu'il avait trouvées entre les distances zénithales des mois de juin et de décembre ne pouvaient s'expliquer par le simple changement de position de la terre ; il eût fallu pour cela que ces différences eussent été observées, non pas de juin à décembre, mais de mars à septembre. Enfin Bradley, à l'aide d'une série d'observations qu'il avait entreprises à Kew, près de Londres, avec Molyneux, réussit à déterminer la loi de ces inégalités périodiques et à en donner l'explication : elles sont dues principalement au phénomène que l'on appelle l'*aberration de la lumière*, et qui dépend non de la distance, mais de la direction des astres. Plus tard Bradley reconnut encore d'autres variations qui ont pour cause un balancement de l'axe terrestre, déjà soupçonné par Newton, qui a reçu le nom de *nutation*. Les inégalités dues à la nutation sont moins sensibles et ont une période beaucoup plus longue que celle de l'aberration.

Le phénomène de l'aberration, tel que le conçoit Bradley, est tout à fait analogue à cette illusion d'optique qui, à travers les vitres d'un wagon de chemin de fer en marche, nous fait paraître obliques les filets d'eau perpendiculaires formés par les gouttes de pluie. Le mouvement du train, qui se déplace pendant le temps que les gouttes d'eau mettent à atteindre le sol, nous trompe sur la direction réelle des filets liquides, parce que notre point de vue change sans cesse. C'est ainsi que la vitesse de translation de la terre, en se combinant avec la vitesse des rayons lumineux, a pour effet de changer légèrement la direction apparente où nous voyons les astres, car pendant le temps que les rayons mettent à parcourir la longueur du tube de la lunette, la terre se déplace d'une quantité appréciable. La vitesse de la terre dans son orbite n'est à la vérité qu'un dix-millième de la vitesse de la lumière,[1] mais elle suffit pour

---

[1] La terre avance dans son orbite avec une vitesse moyenne de 30 kilomètres par seconde, tandis que la vitesse de la lumière est de 300,000 kilomètres en nombres

Section I.

imprimer aux rayons une déviation qui peut aller à 20 secondes d'arc, et, comme cette déviation se manifeste en sens contraire à deux époques différentes de l'année, il en résulte des différences totales de 40 secondes.

Les déplacements considérables que l'aberration de la lumière fait subir à tous les astres dans le cours d'une année en leur faisant décrire une sorte d'ellipse autour de leur position moyenne, ces déplacements tout à fait irrécusables sont une preuve manifeste du mouvement de translation de la terre autour du soleil. Bradley avait donc fourni la démonstration à laquelle Copernic avait dû renoncer ; mais en découvrant ainsi ce qu'il n'avait point cherché, il se voyait de nouveau glisser des mains le problème des parallaxes annuelles. Sa découverte expliquait *trop bien* les anomalies que les meilleurs instruments permettaient alors de saisir dans les positions des étoiles fixes : les observations, corrigées des effets de la nutation et de l'aberration, ne présentaient plus d'écart qu'on pût attribuer à un effet de parallaxe, et qui permît de calculer la distance d'une étoile.

Il ne faut pas perdre de vue ici que toutes les observations astronomiques sont affectées de petites erreurs qui dépendent des saisons, et dont les causes principales sont l'influence variable de la température sur les diverses parties de l'instrument, les changements de la réfraction atmosphérique, et en général les conditions différentes où se trouve l'observateur à des époques différentes de l'année. Ces influences, plus ou moins sensibles suivant les procédés d'observation dont on fait usage, sont extrêmement gênantes lorsqu'il s'agit de déterminer la valeur numérique de petits écarts qui ont également pour période l'année ; le plus souvent les deux ordres de perturbations se confondent au point qu'il est impossible de les séparer. Les sources d'erreurs de cette nature sont devenues un souci des plus graves pour l'astronome à mesure que les instruments se sont perfectionnés. Il en résulte que, depuis qu'on a trouvé le moyen de mesurer les centièmes de seconde, il est plus difficile que jamais de faire de bonnes observations ; tous les efforts se concentrent sur la détermination de quantités que l'on négligeait autrefois comme infiniment petites, et les causes d'erreurs et d'incertitudes se sont

---

ronds.

Rodolphe Radau

aggravées dans une effrayante proportion.

Les méthodes d'observation qui sont le moins sujettes aux influences à période annuelle sont les comparaisons micrométriques par lesquelles on détermine la situation relative de deux étoiles voisines ; mais aussi elles ne peuvent donner que les différences des parallaxes de ces étoiles. Herschel s'engagea dans cette voie en choisissant pour ses comparaisons des couples formés de deux étoiles voisines de grandeurs très différentes ; en supposant la plus faible beaucoup plus éloignée de nous et par suite plus *fixe* que la plus brillante, on devait ainsi arriver à constater les écarts de cette dernière à peu près comme si elle eût été rapportée à un repère immobile. Cette hypothèse se trouva assez peu justifiée, car tout au contraire deux étoiles voisines et d'éclat très différent forment le plus souvent un couple physique et sont par conséquent à la même distance de l'observateur. Herschel n'eut bientôt plus de doute à cet égard. Au reste, comme dans le cas de Bradley, cette découverte valait celle qu'il ne fit pas : renonçant à déterminer les parallaxes, pour lesquelles d'ailleurs ses micromètres n'étaient pas encore assez parfaits, il continua de compléter ses fameux catalogues d'étoiles doubles.

Divers observateurs reprirent, au commencement de ce siècle, la recherche des distances de quelques-unes des étoiles les plus brillantes ; nous ne nous arrêterons pas au détail de ces tentatives, qui ne furent point couronnées de succès. La question entra dans une phase nouvelle quand Fraunhofer eut porté les appareils micrométriques des grands instruments à une perfection inconnue jusqu'alors. William Struve, à Dorpat, et Bessel, à Kœnigsberg, résolurent à peu près en même temps de faire l'épreuve des instruments qu'ils venaient d'acquérir en abordant de nouveau le problème dont la solution semblait fuir et se dérober à mesure qu'on tentait d'en approcher. Struve choisit la brillante étoile Véga, qu'il se mit à comparer assidûment à une petite étoile voisine de 11e grandeur. Bessel préféra une étoile peu brillante d'aspect, mais que l'on soupçonnait déjà de se déplacer d'une manière sensible, — la 61e du Cygne, comme la désignent les astronomes ; il en détermina les positions successives par rapport à deux étoiles voisines de 10e grandeur. Le résultat qu'il obtint fut une parallaxe de 37 centièmes de seconde ; Struve de son côté trouva pour Véga

Section I.

une parallaxe d'un quart de seconde.

Pour évaluer les distances des étoiles, les mesures itinéraires usuelles sont vraiment des étalons dérisoires ; le diamètre de l'orbite terrestre, qui vaut 300 millions de kilomètres, devient lui-même trop petit pour cet usage. Lorsqu'il s'agit d'arpenter l'univers, on compte par *années de la lumière*, comme sur la terre on accuse les heures de route ; l'unité de distance est le chemin qu'un rayon lumineux fait dans l'espace d'une année. Une parallaxe d'une seconde d'arc indique une distance égale à 206,000 fois la distance du soleil, et représentée par 3 années et 3 mois de la lumière. Une parallaxe d'une demi-seconde correspond à une distance double, et ainsi de suite.

Les observations de Bessel avaient été faites à l'aide de l'*héliomètre*, appareil ingénieux inventé par Bouguer vers 1750, mais considérablement perfectionné par Fraunhofer. Qu'on se figure une lunette à deux objectifs mobiles comme deux yeux qui pourraient s'écarter ou se rapprocher l'un de l'autre ; chacune des deux lentilles forme une image de l'objet que l'on vise, et, selon la position relative des lentilles, ces images paraîtront séparées ou bien coïncideront pour n'en former qu'une. Si maintenant, au lieu d'une seule étoile, on en a deux dans le champ de l'instrument, on peut manœuvrer de façon à faire coïncider une des deux images de la première avec une image de la seconde, et la vis micrométrique accuse alors la distance angulaire des deux astres. Ce moyen permet de mesurer les petites distances avec une prodigieuse précision. Fraunhofer avait simplifié l'appareil de Bouguer en se contentant d'un seul objectif coupé par le milieu, dont les deux moitiés peuvent glisser l'une devant l'autre, ce qui équivaut à l'emploi de deux objectifs distincts. La perfection des instruments construits par cet opticien et l'habileté éprouvée d'un observateur tel que Bessel étaient certes des garanties sérieuses de l'exactitude du résultat obtenu. Un astronome non moins célèbre, M. Peters, avait d'ailleurs observé la même étoile à Poulkova, et ses propres mesures s'accordaient à merveille avec celles de Bessel. En 1853, une nouvelle confirmation vint encore corroborer la confiance qu'inspirait la parallaxe en question : un astronome anglais, Johnson, avait trouvé un chiffre assez peu différent (0,42 de seconde) à l'aide de l'héliomètre dont l'observatoire d'Oxford venait d'être doté. On ne fit donc pas d'abord grande attention au résultat qu'annonça l'année suivante M. Otto Struve, l'éminent directeur de l'observatoire de Poulkova, dont les mesures prouvaient que la parallaxe de Bessel devait être, augmentée de moitié et portée à 52 centièmes de seconde ; mais les recherches de M. Auwers ont mis hors de doute que ce dernier chiffre est seul exact, et que, chose bizarre, les observations de Bessel se partagent nettement en deux périodes, dont la première donne une parallaxe trop, petite et la seconde un nombre qui diffère à peine de celui de M. Struve. Il n'était pas sans utilité de raconter les péripéties par lesquelles a passé la recherche de cette parallaxe, — la mieux connue de celles qui ont été déterminées jusqu'à présent, — car elles montrent combien sont ardus les problèmes sur lesquels s'exerce aujourd'hui la sagacité des astronomes. Sans compter les premiers essais infructueux tentés par Arago et par Lindenau dès 1812, puis par Bessel lui-même en 1815, cette parallaxe a depuis quarante ans occupé cinq des premiers astronomes de notre temps, et malgré tant d'efforts on n'est encore arrivé qu'à expliquer par des hypothèses les causes du désaccord de leurs résultats.

En adoptant comme la plus sûre la détermination de M. O. Struve, on aurait pour la 61e du Cygne une distance que la lumière met 6 ans 1/2 à franchir. La même distance est assignée par M. Winnecke à une autre étoile assez faible. L'étoile la plus rapprochée de nous paraît être jusqu'ici Alpha du Centaure, pour laquelle Henderson et Maclear, qui se sont succédé à l'observatoire du Gap, ont trouvé une parallaxe d'environ 1 seconde, qui correspond à 3 ans. On a essayé le même calcul pour une quarantaine d'étoiles : il nous suffira de dire que la distance de la brillante étoile Véga, d'après Johnson et O. Struve, serait représentée par 22 ans, celle de Sirius par 16 ans, celle de la Polaire, d'après M. Peters, par 36 ans. Ce sont là les limites entre lesquelles se rencontrent les distances qu'on a pu mesurer. Si prodigieuse que soit la vitesse de la lumière, c'est encore un messager boiteux pour les routes de l'univers : les dernières nouvelles qu'elle nous apporte des étoiles sont toujours vieilles d'au moins trois ans.

Pour avoir une idée quelconque de la grandeur réelle des intervalles qui nous séparent des étoiles les plus lointaines, on a dû recourir à des considérations fondées sur ce principe, qu'en

Section I.

général l'éclat des étoiles diminue à mesure que la distance augmente. Les étoiles, de première grandeur occupent en quelque sorte le premier plan, les classes suivantes s'échelonnent comme les plans successifs d'un paysage. Dans cette hypothèse, et en partant de certaines données empiriques sur la distribution des étoiles au firmament, M. Peters a trouvé que la distance moyenne des étoiles de première grandeur équivaut à 16 ans, celle des étoiles de seconde grandeur à 28 ans, et ainsi de suite. Pour les étoiles les plus faibles que puisse encore distinguer dans certains cas une vue perçante (7e grandeur) on aurait une distance de 170 ans. Les étoiles télescopiques forment les classes suivantes, dont le nombre n'est limité que par la puissance des lunettes. Pour distinguer les étoiles de la 16e grandeur, il faut déjà des instruments d'un pouvoir optique exceptionnel. Ces astres sont certainement à des distances qui dépassent 5,000, peut-être 10,000 ans.

Il est bien entendu que ces évaluations ne représentent que des moyennes, d'autant plus exactes qu'elles portent sur un plus grand nombre d'étoiles ; elles supposent, comme tous les calculs de statistique, que les différences individuelles se compensent et disparaissent lorsqu'on opère sur des nombres très considérables. Il s'ensuit que le résultat le moins exact sera celui qui se rapporte à la première grandeur, qui ne comprend que seize ou vingt étoiles d'ailleurs très différentes d'éclat. Sirius par exemple, qui devrait être classé hors de pair, émet six fois plus de lumière que Véga ou Arcturus, qui sont pourtant comptées parmi les plus brillantes des étoiles de premier ordre. La distance de Sirius, déduite de la parallaxe de cet astre, s'accorde assez bien avec la distance moyenne de la première classe ; mais d'autres étoiles que l'on range dans la même classe sont peut-être beaucoup plus lointaines que ne l'indique cette distance moyenne et doivent leur éclat à un rayonnement exceptionnel. D'un autre côté, Alpha du Centaure, qui est de la première grandeur, et même de petites étoiles comme la 61e du Cygne, sont beaucoup plus près de nous : il y a donc bon nombre d'exceptions individuelles ; mais on peut les négliger quand les évaluations portent sur des milliers d'individus. Le nombre des étoiles contenues dans les six premières classes, qui comprennent à peu près toutes celles qu'on peut d'ordinaire distinguer à l'œil nu, dépasse à peine 5,000 pour le ciel entier, et sous nos latitudes on

Rodolphe Radau

n'en aperçoit guère que 4,000 ; mais le nombre total de celles qu'on discerne à l'aide des meilleurs télescopes peut être porté à plus de 80 millions. Lorsqu'on opère sur de pareils nombres, la statistique marche d'un pas assuré, et les résultats moyens méritent une certaine confiance.

Où sont maintenant les bornes de l'univers ? Quelles sont les distances au-delà desquelles nul regard humain n'a pu sonder les abîmes de l'espace ? Aux limites de la visibilité se trouvent ces points lumineux à peine perceptibles dans lesquels se résolvent certaines nébuleuses observées avec les télescopes de William Herschel ou de lord Rosse. En tenant compte de la puissance de pénétration de ses grands télescopes, Herschel estime qu'il a pu distinguer des étoiles situées à des distances qui surpassent plus de 2,000 fois la distance moyenne des étoiles du premier ordre. Parmi les nébuleuses non résolubles en amas d'étoiles, qui malgré la faiblesse de leur lumière deviennent encore visibles parce qu'elles occupent une certaine surface, il y en a probablement un grand nombre qu'on peut supposer beaucoup plus éloignées : quelques-unes gravitent à des distances qui surpassent 3,000 ou 4,000 fois celle de Sirius. Ainsi l'œil, en pénétrant dans les profondeurs du ciel, atteint des régions d'où la lumière met 60,000 ans à nous parvenir ; je ne parle même pas de certaines estimations de W. Herschel qui reculent les nébuleuses les plus faibles à plus de 2 millions d'années. Les nébuleuses que nous croyons apercevoir dans une certaine direction s'y trouvaient donc il y a quelques centaines de siècles, mais rien ne nous prouve qu'elles y soient encore, et nous n'avons aucun moyen de savoir ce qu'elles sont devenues ; les rayons qu'elles émettent aujourd'hui, — si tant est qu'elles existent toujours, — n'arriveront à la terre que dans un avenir lointain. A mesure que s'accroîtra le pouvoir optique des lunettes, nous réussirons sans doute à découvrir des témoins encore bien plus anciens de l'existence de la matière. En attendant, n'est-ce pas un fait digne d'occuper les méditations des philosophes, que le télescope nous permette à toute heure de nous reculer de cent siècles et de plonger nos regards dans la création antédiluvienne, qui continue d'être visible après avoir peut-être cessé d'exister ? Car les images de tout ce qui a été cheminent toujours dans l'éther infini.

Section I.

Section II.

Les petits déplacements qui résultent des parallaxes annuelles sont des oscillations périodiques que les étoiles nous paraissent accomplir autour de leurs positions moyennes et qui leur font décrire des ellipses microscopiques où se reflète en petit l'orbite que la terre parcourt autour du soleil. Ces oscillations ne changent donc en rien la place que l'astre occupe réellement dans le ciel. Il en est de même des oscillations apparentes qui ont pour cause l'aberration de la lumière ou la nutation de l'axe terrestre : ces écarts périodiques ne dépendent que du mouvement de l'observatoire flottant à bord duquel nous voyageons autour du soleil ; on en tient compte par un calcul très simple, et les catalogues d'étoiles n'en renferment plus de trace. Eh bien ! si on compare deux catalogues dressés pour des époques un peu distantes l'une de l'autre, il se trouve toujours que les positions des étoiles, rapportées aux mêmes repères fixes, ne s'accordent pas.

Les différences qui restent sont en moyenne d'une dizaine de secondes pour cent ans, ce qui fait un dixième de seconde pour l'espace d'une année ; elles représentent ce que les astronomes appellent les *mouvements propres* des étoiles. On conçoit que des variations aussi faibles ne se dégagent pas nettement des séries d'observations qui n'embrassent qu'un petit nombre d'années. On n'a pu les reconnaître avec certitude que depuis qu'il est devenu possible de comparer entre eux des catalogues séparés par des intervalles de cinquante ou même de cent ans. Le point de départ et la base de toutes les recherches sur les mouvements propres sont toujours les observations de Bradley, qui nous font connaître, avec une précision vraiment extraordinaire pour l'époque, les positions de plus de 3,000 étoiles. Ces positions, calculées pour l'année 1755, ont été publiées par Bessel sous ce titre : *Fondements de l'astronomie, déduits des observations de l'incomparable Bradley*. La seconde étape est marquée par le célèbre catalogue de 47,000 étoiles, fondé sur l'*Histoire céleste* de Lalande, auquel il faut ajouter les 10,000 étoiles du ciel austral déterminées par Lacaille pendant son séjour au Cap de Bonne-Espérance ; puis viennent ces inventaires rapides d'une région limitée du ciel qu'on appelle des *zones* : les zones de Bessel, d'Argelander, de Lamont, tant d'autres qui ont précédé la révision générale du ciel que depuis quelques années se sont partagée les observatoires des deux mondes. Ces relevés sommaires ne comportent pas, cela se comprend, une très grande précision du lieu observé de chaque étoile ; ils permettent en revanche de dresser des cartes célestes très complètes où les étoiles sont inscrites à leurs places et classées par ordre de grandeur. La précision est au contraire le but principal des déterminations qui se font chaque jour dans les grands observatoires, comme Greenwich, Paris, Poulkova, et dont les résultats sont *catalogués* à des intervalles réguliers. Peut-être arrivera-t-on à concilier la rapidité avec la précision quand les procédés photographiques auront été assez perfectionnés pour être appliqués à la reproduction des groupes d'étoiles. Il paraît que M. Rutherfurd, en Amérique, a déjà obtenu dans cette voie des résultats très satisfaisants qui font espérer que le problème sera bientôt résolu.

Les mouvements propres qui ont été constatés par la comparaison des catalogues sont en général des déplacements progressifs qui augmentent d'une manière continue avec le temps. Quelquefois ils sont affectés d'inégalités périodiques qui révèlent soit une parallaxe annuelle, soit une orbite à longue période que l'étoile décrit autour d'un foyer d'attraction voisin ; même dans ce cas on constate en outre un mouvement progressif. Que signifient ces mouvements propres rectilignes et continus ? Ce sont évidemment les indices différentiels d'un immense tourbillon qui emporte aussi bien notre système solaire que les mondes les plus lointains vers des régions inconnues. « Supposons un instant, dit Humboldt, qu'un rêve de l'imagination se réalise, que nôtre vue, dépassant les limites de la vision télescopique, acquière une puissance surnaturelle, que nos sensations de durée se contractent de manière à comprendre les plus grands intervalles de temps de même que nos yeux perçoivent les plus petites parties de l'étendue : aussitôt disparaît l'immobilité apparente qui règne dans les cieux. Les étoiles sans nombre sont emportées, comme des nuages de poussière, dans des directions opposées, les nébuleuses errantes se condensent ou se dissolvent, la voie lactée se divise par places comme une immense ceinture qui se déchirerait en lambeaux ; partout le mouvement règne dans les espaces célestes, de même qu'il règne sur la terre en chaque point de ce riche tapis de végétation dont les rejetons, les feuilles et

Section II.

les fleurs présentent le spectacle d'un perpétuel développement. »

La détermination des mouvements propres est un des problèmes les plus intéressants, mais aussi l'un des plus délicats de l'astronomie moderne. On n'a encore pu trouver qu'une soixantaine d'étoiles qui se déplacent de plus d'une seconde par an, et dans la grande généralité des cas le mouvement annuel est beaucoup plus petit. Des quantités aussi faibles sont nécessairement difficiles à mesurer. Les petites différences qu'on désigne sous le nom de mouvements propres sont souvent un mélange inextricable de variations réelles et d'erreurs d'observation ou de réduction, d'autant plus difficiles à débrouiller que les variations sont ici du même ordre ou même plus petites que les erreurs : les mailles du filet sont en quelque sorte trop larges pour les arrêter. Ce qui est triste à dire, c'est que les erreurs sont peut-être une fois sur deux des fautes de transcription ou de réduction, qui n'ont point pour excuse la hâte avec laquelle il faut noter les rapides instants du passage d'un astre aux fils de la lunette. Cela prouve que, si on entoure les observations de toutes les précautions désirables, les soins apportés à la confection des catalogues ne sont pas toujours proportionnés à la valeur des observations : il en résulte que certains catalogues fourmillent d'erreurs qui ont causé bien des méprises et des déceptions en faisant croire à de grands changements dans le ciel qui finalement se sont expliqués par une faute de calcul. Ce n'est pas tout : les observations les mieux faites montrent encore des différences plus ou moins fortes qui dépendent des circonstances locales, des saisons et des heures de la journée, du tempérament de l'observateur et de ses habitudes comme de sa disposition momentanée : on dirait que mille pièges sont tendus autour de lui pour l'empêcher d'approcher de la vérité absolue. Les curieuses expériences de M. Wolf sur les *erreurs personnelles* ont prouvé que très peu de personnes voient les phénomènes au moment précis où ils se produisent ; presque toujours la perception est en retard de quelques fractions de seconde. Toutes ces causes réunies font qu'avant de confronter deux catalogues d'étoiles il faut en étudier pour ainsi dire les défauts et les qualités, et c'est un travail que fort heureusement M. Auwers a déjà entrepris pour les catalogues les plus importants.

Grâce à ce triage préalable, la comparaison des observations modernes avec les anciennes pourra conduire à des résultats plus dignes de confiance, et la recherche des mouvements propres sera sans doute bientôt étendue à toutes les étoiles cataloguées, ce qui n'est pas peu dire. Jusqu'à présent, on s'est contenté d'examiner à ce point de vue quelques milliers d'étoiles. Les mouvements propres les plus forts se remarquent dans les étoiles les plus rapprochées de nous, et peuvent aller à 7 ou 8 secondes par an ; mais en général il ne s'agit, comme on l'a déjà vu, que de quelques fractions de seconde. Toutefois ces déplacements si peu sensibles en apparence sont les indices de mouvements d'une rapidité vertigineuse en raison des distances où nous les observons. C'est ainsi qu'un navire que nous voyons à l'horizon, ou un nuage qui passe sur nos têtes à une grande hauteur, nous paraît presque immobile tandis qu'il se déplace en réalité avec une vitesse considérable ; il suffit de le regarder avec une lunette d'approche pour que cette vitesse, dissimulée par l'éloignement, reparaisse aussitôt.

Pour calculer la vitesse de translation réelle qui correspond à un mouvement propre observé, il faut nécessairement connaître la distance absolue de l'étoile en question. Cette condition est remplie pour un certain nombre d'étoiles dont les positions varient d'une manière assez rapide ; ainsi nous savons que la 61e du Cygne, qui a un mouvement propre de 5 secondes, a une parallaxe d'une demi-seconde, et on peut en conclure qu'elle se meut dans l'espace avec une vitesse de 50 kilomètres : c'est plus de cent fois la vitesse d'un boulet de canon.

Pour les étoiles douées d'un mouvement propre exceptionnel qui les isole des groupes où on les rencontre, il n'est guère douteux que ce déplacement apparent n'indique un mouvement réel de ces astres ; il n'en est plus de même lorsque des régions entières montrent un mouvement propre plus ou moins uniforme. Là on peut se demander si cette lente progression n'est pas une illusion d'optique tout comme les oscillations périodiques des étoiles qui ont pour cause la révolution de la terre autour du soleil, et si elle n'est pas la conséquence d'un mouvement de translation du système solaire tout entier dans l'espace. En effet, si le soleil avec son cortège de planètes est emporté dans une course rapide vers un point donné du ciel, les étoiles situées dans cette direction sembleront s'écarter à mesure qu'il s'en rapprochera, tandis qu'au

Section II.

point opposé du ciel, dont il s'éloigne, les étoiles se resserreront de plus en plus. Il en résultera comme un courant général qui entraîne insensiblement toutes les étoiles du point d'arrivée vers le point de départ de la trajectoire solaire. Or un pareil mouvement doit se révéler au moins dans les positions déterminées à cent ans d'intervalle.

Fontenelle, aussi bien que Bradley, avait entrevu la possibilité d'un mouvement de translation du soleil ; mais c'est Lalande qui paraît avoir formulé le premier cette hypothèse d'une manière parfaitement nette. Il fait remarquer que la rotation du soleil, qui nous est révélée par les révolutions des taches, suppose déjà par elle-même l'existence d'un mouvement de translation, attendu qu'elle n'a pu être produite que par une impulsion communiquée hors du centre, qui a dû selon toute probabilité déplacer en même temps le centre lui-même. Les deux mouvements, de rotation et de translation, ne s'observent presque jamais l'un sans l'autre. La théorie fait donc prévoir *a priori* que le soleil doit se mouvoir lui-même dans une orbite que, pour une certaine durée de temps, il sera permis de considérer comme une ligne droite. L'observation a-t-elle justifié cette hypothèse ?

William Herschel ne craignit pas d'aborder le problème de front en examinant les mouvements propres des étoiles dont les positions étaient déjà assez bien connues pour qu'il pût espérer d'en fixer avec certitude les variations séculaires. Sa tentative fut couronnée de succès : dès 1783 il put annoncer que le système solaire marche vers un point déterminé de la constellation d'Hercule. La certitude de ce résultat fut d'abord contestée par Biot, Bessel et d'autres astronomes ; mais les recherches récentes, fondées sur des bases beaucoup plus solides, n'ont fait que le confirmer en rectifiant seulement la position du point vers lequel marche le soleil. M. Otto Struve a tenté d'évaluer d'une manière approximative la vitesse de ce mouvement de translation ; d'après ses calculs, elle serait de 7 kilomètres par seconde. Ce chiffre, déduit de données qui ont été depuis rectifiées, est sans doute beaucoup trop faible. Tout ce qu'on peut dire pour le moment, c'est que la rapidité avec laquelle notre système est emporté dans l'espace est probablement du même ordre que les vitesses orbitaires des planètes.

Le mouvement d'ensemble du système solaire est donc désormais un fait acquis ; ce mouvement se reflète, par une illusion d'optique, dans les positions apparentes des étoiles, et les changements séculaires de ces positions nous permettent de connaître la direction dans laquelle nous sommes entraînés. Pourtant cet effet de perspective ne rend compte que d'une faible partie des changements constatés : après avoir fait la part du déplacement apparent qui pour chaque étoile résulte de notre propre mouvement, on trouve encore dans la plupart des cas des variations progressives ou périodiques qui dénotent un déplacement réel de l'étoile elle-même. Tantôt ce sont des astres réunis en groupes qui décrivent les uns autour des autres des orbites dont nous pouvons avec le temps reconnaître la forme et les dimensions ; tantôt ce sont les lentes étapes d'un voyage qui emporte l'étoile vers des régions inconnues.

De bonne heure on s'est demandé si tous ces mouvements n'avaient pas un centre commun, si tout l'univers visible ne tournoyait pas autour d'un soleil central. Le philosophe Kant a voulu voir dans Sirius cet astre-roi. Plus tard M. Argelander a fait une tentative pour résoudre la question par le calcul. Après avoir déterminé, à l'aide des mouvements propres de 537 étoiles, le point du ciel vers lequel marche notre système, il s'est demandé si, en défalquant des mouvements propres connus ce qui n'est qu'un reflet de la translation du soleil, il ne trouverait pas des résidus révélant un mouvement général des systèmes stellaires. Le résultat de son calcul a été que probablement les astres tournent tous ensemble autour d'un point situé dans la constellation de Persée ; cependant l'incertitude des données qui servaient de base à son travail ne lui permettait de présenter ce résultat que sous toutes réserves, comme une simple hypothèse.

Un astronome d'un tempérament plus aventureux, M. Maedler, entreprit alors de résoudre le problème sans se rendre un compte exact des difficultés qu'il cache. Jean-Henri Maedler, qui est mort cette année à l'âge de quatre-vingts ans, s'était d'abord fait connaître par la belle carte topographique de la lune qu'il publia en 1836 avec Wilhem Beer, frère aîné de Meyerbeer. En 1840, il avait succédé à W. Struve comme directeur de l'observatoire de Dorpat, où il consacra ses efforts pendant vingt-cinq ans à la détermination des mouvements propres des étoiles, jusqu'au jour où un affaiblissement de la vue le força de prendre sa retraite. Son titre de gloire, à ses

Section II.

yeux du moins, était sa découverte du soleil central, qui devint plus tard simplement un « groupe central. » Renonçant en effet à chercher un astre plus gros et plus massif que tous les autres, dont la puissante attraction domine l'univers visible, Mædler se contente de cette hypothèse, que les étoiles décrivent leurs orbites autour d'un point qui est leur centre de gravité commun, mais qui n'est pas occupé par une masse prépondérante. Dans ce cas, dit-il, les vitesses orbitaires doivent augmenter à mesure qu'on s'éloigne du centre commun. Le contraire aurait lieu, s'il y avait un soleil central dominant tout le ciel : les vitesses, considérables pour les étoiles voisines, iraient en diminuant à mesure qu'on s'éloignerait du foyer d'attraction. Comme il n'existe dans le ciel aucun point de ce genre autour duquel on ait remarqué des mouvements propres très prononcés, il est évident que l'hypothèse d'un soleil central doit être abandonnée. Au contraire l'existence d'un centre de gravité pour ainsi dire immatériel, centre des mouvements propres des astres visibles, mérite d'être discutée. Le tort de Mædler a été de croire qu'il l'avait prouvée.

Le groupe qui reste immobile au milieu du tourbillon général, Mædler le trouve dans la constellation des Pléiades, où les étoiles se pressent autour de la brillante Alcyone « comme les poussins autour de la poussinière. » Comparant les observations de Bradley aux déterminations très précises de Bessel, il montre que les mouvements propres atteignent ici à peine 6 centièmes de seconde par an, et qu'ils sont exactement dirigés comme ils le seraient, si ce groupe était en réalité immobile dans l'espace.[1] Alcyone, qui est le centre du groupe, marquerait aussi le lieu du centre de gravité universel. Traçant autour de ce point des zones concentriques, il y constate des mouvements propres moyens de 9, de 10, de 12 centièmes de seconde, et les directions diffèrent de plus en plus de celle qui se déduit du mouvement connu de notre soleil. Fort de ces résultats, Mædler n'hésite pas à considérer Alcyone comme le centre visible de l'univers autour duquel tournent les innombrables étoiles dont l'espace est parsemé. Ces étoiles, dit-il, sont distribuées par couches annulaires que séparent de vastes intervalles à peu

---

[1] L'étude approfondie du groupe des Pléiades que M. Wolf a récemment entreprise à l'Observatoire de Paris permettra d'en déterminer le mouvement propre d'une manière plus sûre et plus complète.

Rodolphe Radau

près vides : c'est dans un de ces intervalles vides que flotte notre système solaire. Aux confins de l'univers, les derniers anneaux sont formés par la voie lactée, qui embrasse dans ses gigantesques circonvolutions les anneaux stellaires où nous gravitons nous-mêmes. Nous sommes plus près de la région où les replis de la voie lactée se dédoublent que de la région opposée, où elle paraît simple. Notre soleil met plus de 22 millions d'années à parcourir son orbite autour du centre commun. La distance d'Alcyone, toujours d'après Mædler, surpasse 36 millions de fois notre distance au soleil et équivaut à 573 années de la lumière.

Malheureusement dans ces déductions, qui s'enchaînent et se développent avec une hardiesse naïve, l'imagination a plus de part que la sévère logique des chiffres. Les fractions de seconde qui forment la base fragile de l'édifice élevé par Mædler sont loin d'avoir le degré de certitude absolue qu'il leur attribue, et il n'est pas difficile d'arriver, en les groupant d'une manière différente, à des résultats tout opposés. En outre, en y regardant de près, on s'aperçoit que l'augmentation des mouvements propres à partir de la région des Pléiades, quand même elle serait démontrée, ne prouverait rien ni pour ni contre la théorie de l'univers sortie de toutes pièces de sa féconde imagination.

D'après sir John Herschel, la véritable forme de cette agglomération d'étoiles qu'on appelle la voie lactée serait celle d'un disque ou d'une meule aplatie, fendue et dédoublée en deux valves sur près de la moitié de son contour. Le soleil se trouve placé vers le milieu du disque, près de la ligne de jonction des deux valves, et c'est là ce qui explique l'aspect annulaire de la voie lactée ; elle nous apparaît comme une bande lumineuse quand le regard plonge dans l'épaisseur de la tranche pleine, et comme une bande double quand il plonge dans l'épaisseur des valves, tandis que dans les directions perpendiculaires au plan du disque les étoiles nous paraissent clairsemées. C'est ainsi que nous apercevons à peine sur nos têtes une faible brume répandue dans l'atmosphère, tandis qu'à l'horizon, où elle s'étale à perte de vue, elle nous fait l'effet d'un épais banc nébuleux. Quant aux dimensions de cette couche stellaire dans laquelle nous sommes profondément plongés, l'épaisseur transversale dépasse mille ans, et le diamètre a pour mesure des milliers de siècles.

Section II.

Au sein de ce vaste univers, notre regard rencontre çà et là des groupes assez rapprochés de nous pour qu'il soit possible d'en épier les mouvements intérieurs, d'en surprendre pour ainsi dire la vie de famille. Ce sont des soleils associés ou bien des soleils entourés de planètes, que nous voyons graviter dans des orbites réglées par les lois bien connues de l'attraction universelle. L'étude de ces systèmes, inaugurée par W. Herschel, a été grandement avancée par les admirables recherches de W. Struve sur les étoiles doubles, entreprises à Dorpat et à Poulkova, et elle occupe toujours quelques astronomes pourvus d'instruments de choix.

Le nombre des couples d'étoiles dont la distance n'excède pas la limite de 32 secondes, adoptée pour les étoiles doubles, est très considérable : il y a quarante ans, W. Struve en avait examiné plus de 3,000, et aujourd'hui le nombre des couples connus atteint 6,000. Il est évident que ces rapprochements si fréquents ne sauraient être dus aux hasards de la perspective : le calcul des probabilités montre que le nombre des couples purement optiques, c'est-à-dire accidentels, doit augmenter avec la distance des composantes, tandis qu'en réalité la fréquence des couples observés diminue au-delà d'une distance de 8 ou 9 secondes. D'après Struve, les deux tiers des étoiles doubles dont il a mesuré l'écartement forment probablement des couples physiques ; mais nous n'avons la certitude que deux étoiles sont enchaînées l'une à l'autre par les liens de la gravitation que s'il a été constaté qu'elles possèdent toutes deux le même mouvement propre, c'est-à-dire qu'elles naviguent de conserve dans les espaces célestes. Cette vérification a été faite aujourd'hui pour plus de 600 étoiles doubles, et pour un grand nombre on a pu même déterminer les éléments de l'orbite qu'elles décrivent autour de leur centre de gravité commun. Les temps de révolution qu'on a trouvés varient entre quinze ans et plusieurs siècles ; mais les périodes très longues ne sauraient être évaluées avec certitude parce que les changements de position qui servent de base au calcul sont alors d'imperceptibles fractions de seconde.

Dans les cas où la parallaxe de l'étoile principale a été déterminée, on peut même arriver à la connaissance des dimensions absolues de ces orbites et calculer les masses qui gravitent en face l'une de l'autre. C'est ainsi que l'on a pu s'assurer que les masses de quelques étoiles très rapprochées de nous, — Alpha du Centaure, la 61e du

Cygne, la Polaire, — sont inférieures à celle du soleil. Pour Alpha du Centaure, on a trouvé un chiffre qui dépasse à peine 1/3, la masse du soleil étant prise pour unité. Au contraire la masse de Sirius surpasse de beaucoup celle du soleil.

Le calcul des orbites d'étoiles est si bien entré dans les habitudes des astronomes qu'on a fini par l'appliquer de confiance à des systèmes supposés dont on ne voyait d'abord que l'astre dominant, et, chose merveilleuse, le calcul s'est trouvé juste après coup. La découverte de Neptune n'est donc plus le seul exemple d'un astre dont l'existence a été révélée par les perturbations qu'il causait autour de lui, avant qu'il fût apparu aux astronomes dans le champ de leurs lunettes. Les mondes stellaires ont fourni l'occasion de découvertes analogues qui sont une preuve nouvelle de la généralité des lois de la gravitation. La première de ces découvertes se rapporte à Sirius, et c'est à Bessel que revient l'honneur de l'avoir préparée.

En discutant les positions successives de Sirius, comparées pendant cent ans aux étoiles des constellations du Taureau, d'Orion et des Gémeaux, Bessel avait constaté dans cette étoile un mouvement d'oscillation particulier et très prononcé qui ne s'expliquait qu'en admettant que Sirius était soumis à l'influence d'un corps invisible de masse considérable. « Cette supposition, disait M. Le Verrier en 1854, rend un compte si parfait de toutes les circonstances du phénomène, que nous ne saurions douter qu'elle soit l'expression de la vérité. Si nous n'avons pas aperçu jusqu'ici ce compagnon de Sirius, c'est qu'il constitue, non pas un second soleil brillant d'une lumière propre, comme dans les systèmes d'étoiles doubles, mais bien une grosse planète du soleil Sirius, planète dont l'éclat emprunté n'a pu parvenir jusqu'à nous. Peut-être, en perfectionnant nos moyens optiques, la verrons-nous un jour ; mais, lors même que nous n'y parviendrions pas, nous déterminerons avec le temps l'orbite qu'elle parcourt, nous fixerons sa masse et celle de l'étoile autour de laquelle elle se meut. »

Pendant longtemps, le satellite hypothétique de Sirius resta noyé dans les rayons de son étincelant chef de file. Bessel était assez enclin à admettre que ce dernier se trouvait enchaîné à un corps obscur qui sans doute resterait éternellement invisible pour nous. Pourquoi en effet n'y aurait-il pas dans les espaces célestes des masses obscures, scories éteintes, mondes finis ? On avait d'ailleurs

Section II.

dans l'étoile Procyon le pendant du cas de Sirius, car le mouvement propre de cette étoile offrait des inégalités périodiques de tout point analogues.

L'hypothèse de Bessel rencontra, il faut l'avouer, beaucoup d'incrédules, et il mourut en 1846 avant la fin du débat. Pourtant la question mûrissait lentement. En 1851, M. Peters publia son mémoire sur *le Mouvement propre de Sirius*, où il démontre que cette étoile décrit une ellipse très allongée autour du centre de gravité d'un système qu'elle forme avec un astre invisible, et que le temps d'une révolution complète est de cinquante ans. Cette orbite, à la distance où se trouve ce système, a pour nous des dimensions microscopiques, les plus grands écarts apparents de Sirius ne dépassent pas 5 secondes d'arc. M. Auwers et M. Safford vinrent plus tard confirmer les calculs de M. Peters. On savait dans quelle direction il fallait chercher le satellite soupçonné ; mais les astronomes en possession des meilleures lunettes avaient sans succès exploré les environs de Sirius, lorsqu'enfin, le 31 janvier 1862, un opticien de Cambridge en Amérique, M. Alvan Clark, ayant dirigé sur cette étoile le puissant réfracteur de 18 pouces qu'il venait de construire, aperçut à gauche de Sirius un imperceptible point lumineux. Une fois signalé, le satellite ne tarda pas à être observé à l'aide d'instrumens d'un pouvoir optique moins considérable, à Paris, à Rome, à Poulkova, à Cambridge, en Angleterre.

M. Auwers soumit alors à une discussion nouvelle et très approfondie les positions observées de Procyon, et parvint à les représenter par une orbite circulaire avec un temps de révolution de 40 ans. Ses calculs furent confirmés par d'autres astronomes, et les observateurs, encouragés par le succès des recherches qui avaient eu pour objet le satellite de Sirius, ne se faisaient pas faute de scruter les environs de Procyon. Ce n'est pourtant que le 19 mars 1873 que M. Otto Struve a découvert cet astre à l'aide du grand réfracteur de Poulkova, à une distance de 11 ou 12 secondes de l'étoile principale ; il l'a estimé inférieur en grandeur de deux unités au compagnon de Sirius. Depuis ce moment, les observations du satellite de Procyon sont continuées régulièrement, et l'on s'est assuré qu'il se déplace d'une manière continue.

Ces deux nouvelles conquêtes de l'astronomie de l'invisible ne seront sans doute pas les dernières. Comme on le pense bien, les astronomes ont examiné les mouvements propres d'une foule d'autres étoiles simples dans l'espoir d'y constater des oscillations analogues à celles qui ont amené la découverte des satellites de Sirius et de Procyon. Les mouvements de Rigel (Bêta d'Orion), de Alpha de l'Hydre, de l'Épi de la Vierge, ont été signalés comme suspects ; mais, vérification faite, on les a trouvés réguliers. Les prétendues inégalités n'étaient dues qu'à des observations inexactes.

En présence de la difficulté qui naît de la petitesse des variations par lesquelles se révèlent les mouvements des étoiles, y compris notre soleil, on a dû se demander si le problème n'était pas abordable par quelque autre côté. L'aberration de la lumière, qui a pour cause la vitesse de la terre dans son orbite, ne doit-elle pas être modifiée par le voyage dans l'infini que celle-ci fait à la remorque du soleil ? La réfraction, la diffraction[1] et les autres phénomènes optiques, que l'on observe à l'aide d'instruments d'une précision pour ainsi dire illimitée, ne trahiraient-ils point par un signe quelconque le mouvement qui emporte l'observateur dans l'espace, ou celui de la source lumineuse elle-même ? Ces questions divisent encore les physiciens, et jusqu'à ce jour l'expérience ni la théorie n'ont pu les trancher d'une manière définitive. Le phénomène de l'aberration s'expliquait aisément dans l'ancienne théorie de l'émission, où la lumière est un fluide dont les molécules, lancées comme des flèches, viennent frapper la rétine de l'œil. Quand l'hypothèse newtonienne fut détrônée par la théorie des ondulations, elle lui légua une série de problèmes épineux, parmi lesquels l'aberration était un des plus délicats. Pour la concevoir, Fresnel dut admettre que l'éther où se propagent les vibrations lumineuses ne participe pas au mouvement des corps pondérables qu'il enveloppe et pénètre, qu'il passe librement au travers du globe, et que les oncles lumineuses cheminent dans un fluide en repos pendant que la lunette est emportée par la terre. Arago alors imagina une expérience destinée à éprouver la solidité de ce raisonnement. Ajustant un prisme à une lunette, il mesura la réfraction des rayons venus d'une étoile vers laquelle marchait la terre et d'une autre étoile qu'elle fuyait ; la vitesse de propagation des premiers

---

1 On appelle ainsi l'ensemble des modifications que la lumière éprouve lorsqu'elle traverse une fente étroite, un réseau de traits gravés sur verre, etc.

Section II.

devait se trouver accrue, celle des seconds diminuée de toute la vitesse de la terre, et la différence, qui s'élève à un cinq-millième, devait se manifester dans la grandeur de la réfraction. Il n'en fut rien ; la réfraction était la même pour toutes les régions du ciel.

Pour concilier ce résultat inattendu avec la théorie des ondulations,[1] Fresnel supposa que le prisme entraîne avec lui l'excès d'éther qui se trouve condensé entre les molécules du verre, et cette hypothèse de l'entraînement partiel de l'éther par les milieux réfringents a été plus tard justifiée par une expérience ingénieuse de M. Fizeau. Néanmoins l'obscurité qui règne encore sur cette matière est loin d'être dissipée. On a examiné la question de savoir si la grandeur de l'aberration ne dépend pas dans une certaine mesure des lunettes employées. Pour élucider ce point douteux, le père Boscovich avait proposé d'observer les étoiles à travers une lunette dont le tube serait rempli d'eau ou de quelque autre liquide. Cette expérience a été tentée dans ces dernières années par M. Klinkerfues à Gœttingue, par M. Hœk à Utrecht, par M. Archer Hirst à Greenwich. M. Klinkerfues seul a cru remarquer une déviation due à l'interposition du liquide, mais ce résultat, contraire aux prévisions de Fresnel, n'a pas été confirmé et paraît reposer sur une erreur.

Il y a une quinzaine d'années, un physicien suédois, M. Angstrœm, et après lui M. Babinet, ont émis l'idée que les phénomènes de diffraction produits par les réseaux fourniraient un moyen de constater le mouvement de translation du système solaire. M. Angstrœm avait même commencé des expériences qui devaient le conduire au but cherché ; mais les résultats obtenus n'avaient rien de bien concluant. L'importance du problème décida notre Académie des Sciences à le mettre au concours : elle en fit le sujet du grand prix des sciences mathématiques pour 1870. Un de nos physiciens les plus distingués, M. Mascart, remporta le prix par un travail expérimental dont les conclusions furent d'ailleurs purement négatives. M. Mascart a mis à profit toutes les ressources que peuvent offrir les appareils les plus ingénieux et les

---

[1] L'expérience d'Arago, telle qu'il l'avait instituée, n'était pas très concluante parce qu'il s'était servi d'un prisme *achromatisé* qui recomposait la lumière blanche après l'avoir déviée, tandis qu'il eût fallu mesurer la réfraction d'un rayon simple, de couleur déterminée ; mais cette dernière expérience donne le même résultat.

méthodes d'observation les plus délicates sans pouvoir constater une influence quelconque du mouvement de la terre sur les phénomènes optiques où l'on avait espéré la découvrir. Pourtant les récentes recherches de M. Yvon Villarceau sur la théorie de l'aberration tendent à établir que le mouvement du système solaire doit se faire sentir dans le phénomène, et M. Villarceau vient de soumettre à l'Académie des Sciences un plan de campagne pour résoudre le problème par des observations combinées qui seraient faites en quatre stations choisies à cet effet au nord et au sud de l'équateur.

En dehors de l'influence du mouvement de la terre, il faut d'ailleurs aussi considérer celle du mouvement de la source lumineuse en tant qu'elle peut modifier le nombre des ondulations que l'œil reçoit dans un temps donné. Une influence de ce genre existe certainement pour le son : la note d'un sifflet de locomotive nous semble plus élevée quand le train arrive que lorsqu'il s'éloigne, parce que dans le premier cas l'oreille gagne quelques vibrations et que dans le second elle les perd. On a pensé que d'après le même principe la couleur des rayons qui nous arrivent d'un astre pourrait être légèrement modifiée par la vitesse avec laquelle cet astre se rapproche ou s'éloigne de nous. Le père Secchi, M. Huggins et d'autres astronomes ont entrepris de vérifier cette prévision par l'étude des spectres des corps célestes. M. Huggins a même conclu d'une de ses expériences que Sirius s'éloigne de la terre avec une vitesse de 50 kilomètres par seconde, et un astronome allemand, M. Vogel, a trouvé par le même moyen 75 kilomètres pour Sirius et 100 kilomètres pour Procyon ; mais nous sommes là sur un terrain glissant.

Section III.

Les positions des étoiles, déterminées directement par des observations instituées au moment du passage par le méridien, ou indirectement par la comparaison avec d'autres étoiles voisines, fourniront toujours la base la plus sûre pour toutes les recherches concernant la structure et le mécanisme intérieur de l'univers. Pourtant ce ne sont pas les seuls problèmes que nous puissions aborder. Ce frémissement de l'éther que nous appelons lumière ne trahit pas seulement la direction où se trouve (ou du moins celle où se trouvait à une certaine époque) un corps céleste ; soumises à la question du prisme, les ondes éthérées se laissent interroger sur la constitution physique de l'astre d'où elles sont parties.

On sait quel ferment nouveau la découverte de l'analyse spectrale a jeté dans les études d'astronomie physique. Depuis quinze ans, le soleil, les étoiles, les nébuleuses, les comètes et les bolides, ont été examinés presque chaque jour à l'aide du spectroscope par une foule d'observateurs habiles et sagaces : il suffit de citer les noms de MM. Janssen, Huggins et Miller, Lockyer, Seechi, Wolf et Rayet, Rutherfurd. C'est comme une nouvelle spécialité qui a fait son apparition dans les observatoires, et autour de laquelle s'est créé tout un attirail d'instruments ingénieux, tout un ensemble de méthodes d'observation et de théories nouvelles. Cette branche a pris une telle extension qu'elle réclame déjà des établissements spéciaux. La création d'un observatoire d'astronomie physique à Paris, qui doit être placé sous la direction de M. Janssen, a été l'un des résultats de ce grand mouvement.

Les principes de l'analyse spectrale sont trop connus à l'heure qu'il est pour qu'il soit besoin de nous y arrêter. On sait que la lumière émise par un gaz incandescent donne un spectre formé de raies brillantes dont la couleur et le groupement permettent de reconnaître la composition chimique de ce gaz. Les corps solides ou liquides à l'état d'incandescence fournissent au contraire un spectre continu, à teintes plates, qui est le même pour toutes les substances ; seulement ce spectre se sillonne de raies sombres lorsqu'une atmosphère de vapeurs arrête au passage quelques-uns des rayons émanés du foyer lumineux, et ces raies sombres caractérisent alors les vapeurs qui enveloppent le corps incandescent. C'est ainsi que les raies noires, dites raies de Fraunhofer, que l'on compte par milliers dans le spectre solaire, nous apprennent de quoi se compose l'atmosphère du soleil. Elles nous donnent la certitude que l'astre qui nous éclaire est fait en somme de la même substance dont la terre est pétrie, car on y retrouve la plupart des éléments terrestres.

Les spectres des étoiles fixes offrent beaucoup d'analogie avec celui du soleil. Ce sont évidemment des soleils comme le nôtre, entourés d'atmosphères gazeuses qui renferment à l'état de vapeur une foule d'éléments terrestres. D'après le père Seechi, on peut les rapporter à quatre types principaux, dont chacun domine dans certaines régions du ciel. Le premier type comprend les étoiles blanches ou bleuâtres, telles que Sirius et Véga ; il est caractérisé par, quelques grosses raies sombres dont plusieurs dénotent la présence de l'hydrogène à une haute température. Le second type, qui renferme les étoiles jaunes, telles que la Chèvre et Arcturus, se rapproche plus particulièrement de notre soleil par des spectres à raies fines et nombreuses. Beaucoup plus rare est le troisième type, — étoiles rougeâtres dont les spectres présentent de larges zones brillantes séparées par des zones obscures qui semblent indiquer la présence d'atmosphères gazeuses à une basse température. Le quatrième type n'est qu'une modification du troisième. Un très petit nombre d'étoiles, comme Gamma de Cassiopée, ont les raies brillantes des gaz incandescents. Deux des astres étudiés par M. Huggins, — Alpha d'Orion et Bêta de Pégase, tous deux appartenant au troisième type, — offrent une particularité très curieuse : on constate dans les spectres l'absence des deux lignes caractéristiques de l'hydrogène, qui correspondent aux raies G et F de Fraunhofer. Voilà donc des mondes sans eau ! M. Huggins conjecture que les planètes de ces soleils infernaux sont probablement aussi privées de cet élément, et il ajoute : « Il faudrait la puissante imagination du Dante pour peupler de semblables planètes de créatures vivantes. » Mais la lune n'est-elle pas également une scorie brûlée, sans trace d'air ni d'eau ?

A part ces exceptions assez rares, ceux des éléments terrestres qui sont le plus largement répandus dans les étoiles sont précisément ceux qui sont essentiels à la vie telle qu'elle existe sur notre planète : l'hydrogène, le sodium, le magnésium, le fer, etc., et tout porte à supposer que les atmosphères de ces corps sont remplies de vapeurs aqueuses. Les étoiles ressemblent donc à notre soleil par le plan général de leur constitution ; mais à côté de cette unité de plan on constate des différences individuelles assez marquées, qui se révèlent déjà par la coloration particulière de beaucoup d'étoiles. Le spectroscope nous apprend que cette coloration est due aux enveloppes gazeuses qui entourent les corps célestes. Les vapeurs

Section III.

suspendues dans leurs atmosphères ayant pour effet d'éteindre une partie des rayons qui composent la lumière blanche émise par les noyaux incandescents, les teintes qui n'ont point été affaiblies prédominent dans la lumière qui arrive jusqu'à nous, et qui dès lors nous paraît rouge, jaune, bleue, comme la lumière tamisée par un verre de couleur. Les étoiles rouges ont des atmosphères qui absorbent les rayons verts et bleus ; les étoiles bleues sont celles qui ont été dépouillées de leurs rayons rouges et jaunes, et ainsi de suite. Le type des étoiles blanches est Sirius, qui pourtant était rouge au dire des anciens ; peut-être depuis deux mille ans s'est-il opéré un changement dans la composition de l'atmosphère de cet astre. M. Huggins voit dans la disposition du spectre des étoiles incolores l'indice d'une température excessive ; si cette hypothèse était justifiée, il faudrait admettre que Sirius, loin de s'être refroidi, se trouve aujourd'hui à une température plus élevée qu'au temps où il figurait parmi les étoiles rouges, ce qui *a priori* ne paraît guère probable.

Au reste les lois de la formation et du développement des corps célestes nous sont encore trop peu connues pour qu'il soit possible d'écarter absolument telle ou telle supposition. Les étoiles variables, qui passent périodiquement d'un maximum d'éclat à un minimum, où quelques-unes même s'éteignent tout à fait pour un temps plus ou moins long, nous offrent déjà un exemple de changements très sensibles qui s'opèrent sous nos yeux. Plus curieux encore sous ce rapport sont les cas d'étoiles nouvelles qui de temps à autre sont apparues subitement dans le ciel, mais qui toujours ont fini par s'éteindre presque aussi vite qu'elles s'étaient allumées. Si nous tenons compte des cas mentionnés par les catalogues chinois, le nombre des étoiles nouvelles signalées depuis deux mille ans s'élève à une vingtaine. La célèbre étoile de 1572, observée par Tycho-Brahé dans la constellation de Cassiopée, surpassait en éclat Sirius et Jupiter, on ne pouvait lui comparer que Vénus dans toute sa splendeur ; mais elle commença bientôt à pâlir, et au bout de sept mois il n'en restait plus trace. L'étoile de Kepler, qui était également très brillante au moment où elle fut aperçue pour la première fois en 1604, resta visible à l'œil nu pendant seize mois.

Ces phénomènes se rattachent sans doute aux cas de variabilité ordinaire, dont ils nous offrent seulement l'exagération accidentelle.

Rodolphe Radau

Ce sont des incendies allumés dans le ciel, des conflagrations dues à quelque convulsion intérieure qui a dégagé du sein d'un corps céleste un torrent de gaz inflammables ; le feu éteint, l'étoile retombe dans la classe d'où elle était momentanément sortie. Dans tous ces cas, il ne s'agit donc pas de créations nouvelles : on n'a eu affaire qu'à des étoiles temporaires.

Trois fois en ce siècle, les astronomes ont été témoins d'une apparition de ce genre. M. Hind découvrit une étoile nouvelle de 5e grandeur, de couleur orangée, au mois d'avril 1848 ; deux ans après, elle était tombée à la 11e grandeur, puis elle cessa d'être visible. En 1850, une étoile rouge parut dans la constellation d'Orion, mais ne resta visible que fort peu de temps. Alors l'analyse spectrale n'existait pas encore ; heureusement elle a pu être appliquée à l'étude du troisième cas du même genre qui a été observé. Le 12 mai 1866, un astronome amateur anglais constata tout à coup qu'une étoile nouvelle de 2e grandeur s'était allumée dans la constellation de la Couronne boréale, et dès le 15 M. Huggins put braquer son spectroscope sur l'astre nouveau. Il s'assura tout d'abord qu'il y avait là *deux* spectres superposés : un spectre ordinaire, continu avec de fines raies sombres comme celui de toutes les étoiles, et un spectre gazeux, formé de quatre raies brillantes dont deux appartenaient à l'hydrogène. M. Huggins continua ses observations le lendemain et les jours suivants. L'éclat de l'astre diminuait rapidement ; en douze jours, il était tombé de la 2e à la 8e grandeur. L'examen du spectre ne laisse aucun doute sur la nature du phénomène observé. C'est une étoile qui s'est trouvée subitement enveloppée de flammes d'hydrogène en combustion. Il y a eu probablement une éruption qui a mis d'énormes volumes de gaz en liberté, et ces gaz brûlaient à la surface de l'astre en se combinant avec quelque autre élément. Un monde dévoré par le feu comme Sodome et Gomorrhe ! La provision de gaz épuisée, les flammes tombèrent, et l'étoile revint à son premier état. — N'oublions pas d'ailleurs que l'événement cosmique auquel il nous a été donné d'assister en spectateurs désintéressés en 1866 n'était point un événement contemporain ; au moment où l'éclat de cet incendie frappait nos yeux, il était peut-être éteint depuis plusieurs siècles.

On sut plus tard que l'étoile temporaire de la Couronne avait été aperçue dès le 4 mai par un observateur canadien, et qu'elle avait atteint son maximum d'éclat le 10, deux jours avant d'être découverte en Europe. Il fut enfin constaté que depuis longtemps le même astre se trouvait inscrit dans les *zones* de l'observatoire de Bonn comme une étoile de 9e ou 10e grandeur.

M. Faye a pris texte de cette apparition pour présenter des considérations ingénieuses sur le phénomène des étoiles variables. Les explications qui en ont été proposées autrefois ne comprennent pas les étoiles nouvelles, c'est-à-dire les astres qui augmentent brusquement d'éclat et s'éteignent ensuite sans offrir une périodicité bien caractérisée. On ne peut embrasser tous ces phénomènes dans une même explication qu'en la rattachant à des changements de la constitution physique des astres. On s'y trouve d'ailleurs conduit par l'étude des taches solaires. La fréquence périodique de ces taches doit se traduire par des variations d'éclat du disque radieux, et il s'ensuit que le soleil lui-même est une étoile variable dont la période est de onze ans. Des taches obscures encore plus larges et plus noires expliqueraient l'affaiblissement périodique de la lumière de la plupart des astres variables ; mais rien ne nous force de supposer que les choses soient constituées de manière à durer toujours. La lumière et la chaleur qu'une étoile rayonne sont irrévocablement perdues pour elle ; à mesure qu'elle se refroidit, sa puissance d'émission, sa radiation, vont en diminuant : en un mot, elle vieillit. Si donc cette étoile présente des intermittences, rien ne prouve que ces intermittences se présenteront toujours sous les mêmes aspects : au contraire il est plus naturel de penser qu'elles sont les signes précurseurs d'un changement d'état plus radical.

D'après M. Faye, la phase *solaire*, la période d'éclat et d'activité d'un astre, commence, quand la surface de la masse gazeuse incandescente s'est refroidie assez pour qu'il y ait précipitation de nuages liquides ou solides susceptibles d'émettre une vive lumière. C'est ainsi que se forme la photosphère du nouveau soleil. À partir d'un certain moment, les phénomènes de la photosphère peuvent revêtir un caractère oscillatoire. L'équilibre de la masse gazeuse est d'abord troublé par les pluies de scories qui descendent et par les vapeurs qui s'élèvent, absolument comme l'équilibre de notre atmosphère est troublé par la circulation de l'eau sous ses trois états ; puis, quand cet échange entre la surface et l'intérieur commence à être gêné par l'envahissement des scories, on voit se produire des phénomènes éruptifs, des cataclysmes périodiques, dont la conséquence est une recrudescence d'éclat rapide, mais passagère. À chaque effondrement de la photosphère épaissie correspond un afflux subit de gaz incandescents venus de l'intérieur ; c'est ainsi que s'explique l'éclat périodique des variables. Enfin ces alternatives ne se présentent plus que par saccades, pour cesser à la fin complètement. Les étoiles nouvelles ne sont probablement que des étoiles variables à leur déclin, n'offrant plus que de rares conflagrations avant de s'éteindre d'une manière définitive par voie d'*encroûtement*. C'est pourquoi les phénomènes de ce genre ne se produisent que dans les astres d'un éclat déjà faible, et n'aboutissent jamais à doter le ciel d'une belle étoile de plus.

Section IV.

Le résultat le plus important des recherches d'analyse spectrale au point de vue de la cosmogonie, c'est ce fait, désormais hors de doute, que parmi les nébuleuses non résolubles en étoiles un grand nombre est formé de matière cosmique diffuse à l'état de gaz incandescent. Ce sont là sans doute des soleils futurs, des soleils surpris dans leur devenir. Nul télescope ne pourrait les décomposer en étoiles. D'autres nébuleuses au contraire, qui à première vue semblent absolument de même nature, finiront par être résolues en amas stellaires ; le spectroscope nous le garantit dès à présent, en attendant que le pouvoir optique des lunettes soit assez fort pour réaliser cette analyse.

C'est ainsi que se trouve confirmée l'hypothèse hardie que William Herschel avait formulée sans pouvoir encore en fournir les preuves. Le grand astronome anglais était convaincu que les nébuleuses de forme irrégulière, qui se présentent comme des lueurs phosphorescentes sans contour défini, sont des masses de matière diffuse en voie de se condenser, tandis que les nébuleuses globulaires à noyau brillant représentent la transition de cet état chaotique à celui de véritables corps célestes. On objectait à cette théorie que des masses fluides homogènes, abandonnées à elles-mêmes, c'est-à-dire à l'attraction mutuelle de leurs particules, ne tarderaient pas à prendre une figure d'équilibre à peu près sphérique, comme les liquides qui se disposent en gouttes arrondies. Les astronomes, munis de lunettes de plus en plus puissantes, arrivaient d'ailleurs à résoudre en amas stellaires des nébuleuses dont les premiers observateurs avaient dit « qu'elles ne faisaient naître aucune sensation d'étoiles, » des nébuleuses où Herschel lui-même n'avait jamais remarqué ces éclairs fugitifs qui annoncent des points lumineux, et qui à la nuit tombante nous avertissent que les premières étoiles vont émerger du crépuscule. C'est ainsi que M. Bond parvint à décomposer la nébuleuse d'Andromède, découverte en 1612 par Simon Marius, qui la compare à la flamme d'une chandelle vue à travers une feuille de corne transparente ; cette nébuleuse, en forme de fuseau, est décidément un amas stellaire où M. Bond a déjà compté plus de 1,500 étoiles.

Il y avait pourtant toujours bon nombre de ces étranges objets qui résistaient aux plus forts grossissements des meilleures lunettes, et ne cessaient d'offrir l'aspect mystérieux de taches faiblement lumineuses. En outre, à mesure que l'accroissement de l'ouverture des objectifs permettait de résoudre en étoiles des nébulosités jusque-là réfractaires, des nuées plus fines entraient dans le champ de la vision, et l'on vit apparaître ces formes fantastiques, ces lueurs vagues aux contours incertains, que l'esprit se refuse à concevoir comme le reflet lointain d'une armée de soleils. Les partisans de la théorie qui voient dans ces brumes phosphorescentes les limbes antédiluviens de mondes en formation ne se déclaraient donc pas battus. L'analyse spectrale devait trancher le débat en nous dévoilant la nature intime des nébulosités non résolubles.

Malgré la faiblesse de la lumière émise par ces taches laiteuses, qui ne permet de les observer avec fruit que par les nuits très claires et sans lune, M. Huggins a réussi à obtenir des spectres d'une certaine netteté. Pour son premier essai, il avait choisi une nébuleuse très petite, mais relativement brillante, de la constellation du Dragon. « Ma surprise fut grande, dit-il, lorsqu'en regardant par la petite lunette de l'appareil je reconnus que le spectre n'offrait plus cette apparence de ruban coloré qu'eût fait naître une étoile, et qu'au lieu d'une bande lumineuse continue il n'y avait que trois raies brillantes isolées. » Cette observation décidait du coup la question tant controversée : elle prouvait qu'il existe des agglomérations des matières cosmiques à l'état de gaz lumineux. En déterminant la position des trois raies par des mesures prises au micromètre, M. Huggins trouva que la plus brillante coïncidait avec la raie la plus intense de l'azote ; mais comment expliquer l'absence de toutes les autres lignes caractéristiques de ce gaz ? Faut-il admettre avec M. Huggins que nous sommes ici en présence d'une forme de matière « plus élémentaire que l'azote ? » La plus faible des trois raies coïncidait avec la raie verte de l'hydrogène ; quant à la raie moyenne, on ne put l'identifier avec aucune des raies caractéristiques des trente éléments terrestres pris pour comparaison. Derrière ces trois lignes brillantes s'apercevait encore une faible trace d'un spectre continu sans largeur apparente, qui révélait l'existence d'un très petit noyau lumineux au centre de la nébulosité. Ce noyau doit être formé par une matière opaque à l'état de brouillard composé de particules liquides ou solides.

M. Huggins a successivement examiné plus de soixante nébuleuses ou amas stellaires ; sur ce nombre, un tiers environ lui a donné des spectres gazeux. Les quarante autres nébuleuses ont donné un spectre continu. Afin de vérifier jusqu'à quel point cette classification établie par le prisme répond à celle qui résulte de l'examen télescopique, le fils du comte de Rosse a revu toutes les observations de nébuleuses de la liste de M. Huggins qui avaient été faites avec le grand télescope de son père. La plupart des nébuleuses à spectre continu avaient été effectivement résolues en étoiles ; quant aux autres, pas une n'avait été vue résolue d'une manière indubitable par lord Rosse.

La nébuleuse du Dragon appartient à la catégorie de celles qui se présentent dans les lunettes sous la forme de petits disques ronds ou légèrement ovales, et auxquelles W. Herschel a donné le nom de nébuleuses *planétaires*. Plusieurs autres nébuleuses planétaires observées dans diverses régions du ciel et offrant, comme celle-ci, une teinte bleu-verdâtre, fournissent des spectres composés des mêmes trois raies brillantes, avec traces d'un spectre continu linéaire, provenant d'un noyau central. Quelques-unes ne montrent que deux ou même qu'une seule des trois raies : telles sont la nébuleuse annulaire de la Lyre et la belle nébuleuse Dumb-Bell (battant de cloche), qui s'étend irrégulièrement dans la constellation du Petit Renard. Deux des nébuleuses à spectre gazeux se présentent sous la forme de sphères entourées d'un anneau comme Saturne ; l'une

Section IV.

montre l'anneau vu par la tranche, l'autre le montre à plat, séparé de la sphère centrale par un intervalle annulaire obscur.

La grande nébuleuse découverte par Huyghens, il y a plus de deux siècles, près de la garde de l'épée d'Orion, a été également soumise à cet examen. En promenant le spectroscope dans les différentes parties de cette immense nuée de teinte verdâtre, M. Huyghens a constamment retrouvé les trois raies brillantes, nettement définies et séparées par des intervalles noirs, ce qui prouve que la nébuleuse présente partout la même constitution. « La couleur verte, dit à son tour le père Secchi, domine dans toutes les étoiles de la vaste constellation d'Orion, Alpha excepté. Ce groupe entier semble participer à la nature de la grande nébuleuse par cette teinte verte exagérée. » La nébuleuse elle-même n'a pas été résolue en étoiles par le télescope de lord Rosse : il est vrai que sur quelques points ce dernier a vu un grand nombre de très petites étoiles rouges, mais il ne doute pas que ces étoiles, quoique en apparence noyées dans la matière non résoluble, ne soient étrangères à la nébuleuse. Ces étoiles sont d'ailleurs trop fines pour fournir un spectre visible.

Ainsi les nébuleuses à spectre gazeux sont caractérisées par trois raies brillantes, dont on ne voit quelquefois que la plus forte, mais qui sont toujours essentiellement les mêmes ; dans un seul cas, M. Huggins a vu s'y ajouter une raie nouvelle. Ce résultat est très imprévu. En effet, si l'on suppose que la matière gazeuse qui fournit ce spectre est le fluide nébuleux de W. Herschel, dont la condensation produit les étoiles, on devrait s'attendre, dit M. Huggins, à un spectre où les raies brillantes seraient aussi nombreuses que les raies sombres des spectres stellaires. En outre, si l'on admet l'hypothèse peu probable que les trois raies sont l'indice de la matière sous sa forme la plus élémentaire, comment se fait-il que dans aucune des nébuleuses examinées on ne rencontre un état de condensation plus avancé où la matière primitive a déjà donné naissance à plusieurs corps simples caractérisés par des spectres individuels, état qui se rapprocherait de celui de notre soleil ? « Mes observations, conclut M. Huggins, semblent être en faveur de l'opinion que les nébuleuses à spectre gazeux sont des systèmes ayant une structure et un rôle à part, des systèmes d'un autre ordre que le groupe cosmique dont notre soleil fait partie avec les étoiles fixes. » Ces difficultés seront peut-être résolues quand nous connaîtrons mieux les modifications que les spectres des gaz subissent lorsque la température et la pression varient dans des limites très étendues.

La ténuité de la matière qui compose la chevelure et la queue des comètes semble à première vue établir un trait de ressemblance entre ces « bohémiens du système solaire » et les nébuleuses. Dans certaines positions de leurs orbites, elles nous apparaissent comme des masses rondes, vaporeuses, qu'on ne peut distinguer des véritables nébuleuses qu'en constatant qu'elles se déplacent dans le ciel ; plus d'une fois les chercheurs de comètes ont été trompés par ces apparences et ont annoncé une comète nouvelle lorsqu'ils avaient simplement découvert une nébuleuse qui ne figurait pas sur leurs cartes. D'après l'ingénieuse hypothèse du directeur de l'observatoire d'Utrecht, M. Hœk, que la mort a récemment enlevé à la science, les comètes nous arrivent par essaims des profondeurs de l'espace ; faut-il croire que ce sont des nébuleuses errantes ?

L'examen prismatique de la lumière des comètes, entrepris par M. Huggins, le père Secchi, MM. Wolf et Rayet, a démontré que ces astres sont lumineux par eux-mêmes, bien qu'ils doivent une partie de leur éclat aux rayons du soleil, qu'ils réfléchissent comme les planètes. La lumière réfléchie donne un faible spectre continu qui forme le fond sur lequel se détachent les raies ou plutôt les bandes brillantes du spectre cométaire proprement dit. De l'observation de la première comète de 1866, M. Huggins avait cru pouvoir conclure que la matière des comètes était au fond la même que celle des nébuleuses : de l'azote ou une substance élémentaire que renferme l'azote ; mais le père Secchi, qui avait étudié le même astre, contestait l'identité des spectres admise par M. Huggins. Depuis lors les comètes de 1868, de 1870, de 1871, de 1873, de 1874, ont fourni l'occasion d'étudier la question d'une manière plus complète. M. Huggins a constaté que le spectre de la seconde comète de 1868 (comète de Winnecke), composé de trois zones brillantes, avait la plus grande ressemblance avec celui du carbone, obtenu en faisant jaillir l'étincelle d'induction dans le gaz oléfiant. La première comète de 1868 (comète de Brorsen) en différait notablement par la situation des zones lumineuses. Les comètes assez nombreuses des années suivantes ont donné des résultats analogues. Presque toujours on distingue trois bandes lumineuses,

Section IV.

une jaune, une verte et une bleue, et la bande verte est la plus intense des trois. On peut supposer que la matière cométaire est un composé de carbone à l'état gazeux, — un carbure d'hydrogène, — ou peut-être, comme le pense le père Secchi, un composé oxygéné, tel que l'oxyde de carbone ou l'acide carbonique. Le spectre continu qui forme le fond du spectre cométaire ne s'observe que si les comètes ont un noyau assez prononcé ; il est certainement dû en partie à la réflexion de la lumière du soleil, mais il est possible aussi que le noyau y contribue par sa radiation propre. En tout cas, ces observations semblent prouver que la constitution chimique des comètes ne ressemble guère à celle des nébuleuses.

En présence de ces recherches, qui soulèvent déjà un coin du voile étendu sur le laboratoire de la nature, la pensée se reporte involontairement aux origines et aux destinées de notre monde à nous. De quel jour le principe nouveau de l'unité des forces naturelles a-t-il éclairé ces obscures questions ? M. Helmholtz a l'un des premiers tenté d'appliquer à la cosmogonie la théorie mécanique de la chaleur et la loi de la conservation de la force. Si nous adoptons les vues de Laplace concernant la genèse des mondes, il faut d'abord nous représenter notre système solaire sous la forme d'une nébuleuse remplissant tout l'espace jusqu'au-delà des limites de l'orbite actuelle de Neptune ; dans cette hypothèse, 1 gramme de matière pondérable devait occuper un volume de plusieurs milliards de mètres cubes. Cette masse vaporeuse, animée d'un mouvement de rotation très lent, se contracte peu à peu sous l'influence de l'attraction mutuelle de ses particules, et en même temps s'accélère la vitesse de rotation. De temps à autre, la force centrifuge arrache des régions équatoriales des lambeaux de matière qui ne tardent pas à s'agréger en globes planétaires, avec ou sans satellites, jusqu'à ce qu'enfin la masse-mère se soit elle-même conglomérée pour constituer le soleil.

Or ces limbes de notre système ne contenaient pas seulement à l'origine toute la substance destinée à composer le soleil et les planètes, ils renfermaient aussi toute la provision de force mécanique destinée à y fonder le laboratoire de la nature. La gravitation de tous ces atomes nébuleux constituait déjà un fonds d'énergie considérable ; en y joignant les affinités chimiques qui devaient se manifester au contact des atomes, on a une source assez riche de chaleur et de lumière pour qu'il soit inutile de chercher si à cette époque il existait aussi de la force sous forme de chaleur. Par le choc des atomes qui se rapprochaient entre eux, leur force vive était anéantie et convertie en chaleur : on peut évaluer la grandeur de ce travail de condensation, et l'on peut d'autre part estimer ce qui nous en reste encore sous forme de force mécanique en calculant la gravitation du système et toutes les vitesses planétaires. Il se trouve alors, dit M. Helmholtz, que nous ne possédons plus que 1/454 de la force originelle sous forme mécanique, et que le reste a été changé en chaleur : cette chaleur serait capable d'élever de 28 millions de degrés la température d'une masse d'eau égale à la masse totale du soleil et des planètes.

Les plus hautes températures que nous puissions produire ne dépassent pas quelques milliers de degrés. Toute la masse de notre système, convertie en charbon et brûlée, ne dégagerait pas la trois millième partie de cette prodigieuse quantité de chaleur. Il est donc probable que celle-ci a été presque entièrement dissipée dans l'espace à mesure qu'elle se développait. Néanmoins au début du travail d'agrégation toute la masse n'a dû être longtemps qu'un océan incandescent ; c'est d'ailleurs ce qui s'accorde avec les faits si nombreux qui portent les géologues à supposer que la terre a été primitivement à l'état de fluidité ignée. Qu'est devenue toute cette chaleur rayonnée par la fournaise solaire ? Elle est allée se perdre dans les espaces infinis.

La provision de force mécanique que garde le système solaire, si faible qu'elle soit relativement à ce qui a été gaspillé, équivaut encore à une formidable quantité de chaleur. Si la terre était subitement arrêtée dans sa course par un choc, il en sortirait une chaleur qui ferait fondre le globe tout entier et même le vaporiserait en partie. La terre, étant arrêtée, tomberait sur le soleil, et ce nouveau choc produirait une chaleur 400 fois plus forte. Nous avons d'ailleurs tous les jours un exemple de l'énorme échauffement qui résulte de la destruction d'une Vitesse planétaire : ce sont les étoiles filantes, poussières cosmiques rendues incandescentes par le choc de l'air.[1] Ces jolis feux d'artifice aériens sont le dernier reflet des incendies allumés autrefois par le choc des masses qui se heurtaient pour

---

1 Le 27 novembre 1872, c'était une partie de la comète de Biéla qui se précipitait dans notre atmosphère en se résolvant en ploie d'étoiles filantes.

Section IV.

former des mondes.

La chaleur emprisonnée dans l'intérieur de la terre ne perce plus l'épaisse croûte qui la recouvre : toute la vie organique a sa source dans la radiation qui nous vient du soleil ; mais cette radiation durera-t-elle toujours ? Depuis les temps historiques, les climats terrestres ne paraissent pas avoir changé d'une manière sensible, et d'un autre côté il suffirait d'une lente contraction du globe solaire pour en entretenir la chaleur pendant bien des siècles ; une diminution du diamètre égale à un dix-millième de sa valeur compenserait le rayonnement de 2,300 ans. Pourtant, si lente, si imperceptible que soit la perte de force éprouvée par l'astre central, il n'en est pas moins vrai que tout a une fin, et que sa force s'épuisera. Seulement ce jour est encore éloigné, selon toute probabilité, de quelques millions d'années. Bien avant ces changements cosmiques, des révolutions géologiques pourraient bouleverser la surface du globe et ensevelir la race humaine. « Ainsi, dit M. Helmholtz, le même fil que les rêveurs du mouvement perpétuel ont commencé à filer dans l'obscurité nous a conduits à un principe universel qui illumine jusqu'au fond l'abîme où se cachaient le commencement et le dénouement de l'histoire de l'univers. Il montre à notre race une longue durée, mais non l'éternité : il nous avertit d'un jour fatal, le jour du jugement, mais heureusement il garde le secret de cette date. »

ISBN : 978-1542695770

Rodolphe Radau

www.ingramcontent.com/pod-product-compliance
Lightning Source LLC
Chambersburg PA
CBHW061450180526

45170CB00004B/1648